ックレット 012

直接行動の力「首相官邸前抗議」

首都圏反原発連合
ミサオ・レッドウルフ
Misao Redwolf

はじめに 「新しいデモ」の先駆けとして …… 2

第1章 「原発ゼロ」を求める新しいグルーヴ、「首都圏反原発連合」…… 4

第2章 官邸前抗議がもたらした影響 …… 18

第3章 これからの反原発活動 …… 34

第4章 質疑応答 「非暴力武闘派」であるために …… 50

本書は、2013年6月8日にクレヨンハウスで行われた「原発とエネルギーを学ぶ朝の教室」での講演をもとに、2013年9月1日現在の状況やデータに基づき加筆・修正のうえ、再構成したものです。本文中の注と資料は、編集部作成。

クレヨンハウス

はじめに 「新しいデモ」の先駆けとして

「首都圏反原発連合」のミサオ・レッドウルフと申します。わたしのこの名前は、実質的には「活動家」のようになっていますが、まだ仕事を辞めたわけではありませんので、そのまま同じ名前を使っています。

わたしは青森県六ヶ所村の核燃料再処理事業反対運動（*1）をきっかけとして、反原発活動をはじめました。その際、参加者に年配の方が多かったので、チラシが手書きであるなど、どうしてもアピールの仕方が現代的でないと感じました。それはそれで味があるのですが、やはり若いひとたち、核や原発問題に関心をもっていないひとたちにアピールするには、ある程度スタイリッシュな雰囲気がないと難しいのではないかと思ったのです。そこでわたしは2007年に「すべての『核』に対して『NO』と言うために」活動する非営利団体「NO NUKES MORE HEARTS」を立ち上げ、主宰者となりました。原発問題への関心が低いひとにも目を向けてもらえるようなデザインのロゴマーク（図1）をつくったり、フライヤー（チラシ）もカラフルにしてきれいに印刷したりしたのですが、わたしたちのもって

2

図1／「NO NUKES MORE HEARTS」のロゴマーク

出典：「NO NUKES MORE HEARTS」
（http://nonukesmorehearts.org/）

た核への問題意識は、若い世代にはなかなか広がりませんでした。

それでもがんばって活動をしていたところに、2011年3月11日の地震（以下3・11）が発生し、福島での原発事故が起きました。これは本当に残念なこと、本当に悔しいことではあるのですが、それをきっかけに、わたしが広めたいと考えていたような反原発・脱原発活動を行うひとたちが急増しました。3・11以降、デモは新しい時代を迎え、これからお話する「首都圏反原発連合」のものも含め、たくさんの「新しいデモ」が行われるようになったのです。

＊1　青森県六ヶ所村の核燃料再処理事業反対運動……青森県六ヶ所村で行われている核燃料再処理事業に対する反対運動。六ヶ所村の再処理施設は、2006年のアクティブ試験開始以来、トラブルが続いており、本格稼働が何度も延期されている。

3　はじめに　「新しいデモ」の先駆けとして

第1章 「原発ゼロ」を求める新しいグループ、「首都圏反原発連合」

● 「首都圏反原発連合」とは

3・11以降、「原発いらない」と訴えるデモが、毎週末に各地で起きました。そのデモの多くが、従来の参加者に比べると若い、20～40代くらいの方々が中心となった「新しいデモ」であり、いろいろなところで行われました。

「首都圏反原発連合」を立ち上げたのは、2011年9月です。「NO NUKES MORE HEARTS」として、同じく「原発ゼロ」を求める団体のメンバーたちと、お互いのデモを行ったり来たりするうちに、結びつきができました。そうして2011年の夏くらいから、それぞれ別個のデモだけではなく、力を合わせて大きいアクションをしたいと考えるようになり、「首都圏反原発連合」の発想が生まれました。それまでは各団体がそれぞれのデモを運営するので、日程の調整ができず、デモの開催日時が重なってしまうことがありました。そこで、お互いのデモが重ならないよう調整する役割も加えて、いろんな団体に声をかけて立ち上がったのが、わたしたち「首都圏反原発連合」という、反原発の「ネットワーク」です。「首都圏反原発連合」自体は、団体ではありません（資料1）。

4

図2／「首都圏反原発連合」のロゴマーク

提供：「首都圏反原発連合」

資料1／「首都圏反原発連合」に参加する団体（五十音順／2013年8月25日現在／団体名表記ママ）

- ・Act 3・11 Japan
- ・安心安全な未来をこどもたちにオーケストラ
- ・「怒りのドラムデモ」実行委員会
- ・エネルギーシフトパレード
- ・くにたちデモンストレーションやろう会
- ・「原発やめろデモ!!!!!」関係個人有志
- ・脱原発杉並
- ・脱原発中野も
- ・たんぽぽ舎
- ・TwitNoNukes
- ・NO NUKES MORE HEARTS
- ・パパママぼくの脱原発ウォーク
- ・野菜にも一言いわせて!原発さよならデモ
- ・LOFT PROJECT
- ・他個人有志

資料提供：「首都圏反原発連合」

わたしたち「首都圏反原発連合」は最初から、デモ（デモンストレーション／特定の意思表示のため、行進もしくは集会をすること）や抗議（相手の発言や行為を不当とし、ここではとくに直接的に反対意見を主張すること）を直接行動と定義し、それらを主な活動としている団体が集まっています。ですから、次のアクションを考えるための会議では、たとえば「署名活動をしたい」「勉強会をしたい」という声は出てこない。やることはデモか抗議するということはありません。元々の各団体ごとに細かい趣向の違いはありますが、「いかに効果的な行動をしていくか」「いかに実務を速くスムーズに進めていくか」、この2点を焦点として、会議のうえ活動を進めています。

● 反原発・脱原発デモの盛衰

「首都圏反原発連合」を結成して、2011年10月に最初のデモを渋谷でしました。このときは、「首都圏反原発連合」でのはじめてのデモだったので手探りだったことと、天候にも恵まれず、参加者は1000人（*2）に満たないくらいでした。

2012年1月には「脱原発世界会議 2012 YOKOHAMA」（*3）と連携して「脱原発世界大行進 in 横浜」（*4）を行いました。まず「脱原発世界会議」実行委員会から「NO NUKES MORE HEARTS」に「デモを同じ日にやりたい」と連絡が入りま

6

た。わたしのほうで検討しまして、「NO NUKES MORE HEARTS」単独よりも、「首都圏反原発連合」としてデモがいいのではと思い、「首都圏反原発連合」としてデモを行いました。そのときは、5000人くらいの方が参加してくれました。

参加者はうまくいって2～3000人くらいだろうと、わたしたち自身は思っていたのですが、その倍くらいの人数が参加するという結果になったわけです。

実は、この横浜のデモの数か月前、2011年9月に「9・11新宿・原発やめろ!!!!!デモ」(*5) という大きなデモがあったのですが、そこで何人もの逮捕者が出ました。それ以降、「さようなら原発1000万人アクション」(*6) 以外の、市民ベースで無党派の大きなデモが止まってしまったのです。デモの参加人数がぐんぐん伸びていたところが、一転、頭打ちになってしまったんですね。ところが横浜のデモでは、こちらの予想を上回る人数が集まったので、ほかのグループと共催で、はじめて国会包囲(*8)を行いました。これには1万5000人～2万人が参加したということで、「これなら何とか効果的なデモをやっていけるな」と実感したことを覚えています。

同じ年の3月11日に、日比谷で「3・11東京大行進」(*7) というデモを行いました。

*2 参加者の人数……以降、本文中のデモ・抗議の参加者の人数は、すべて「首都圏反原発連合」調べ。各デモ・抗議の人数一覧は10～11、20ページに掲載(2013年7月分まで)。
*3 脱原発世界会議　2012 YOKOHAMA……「脱原発世界会議」実行委員会主催。2012年1月14日(土)、15日(日)にパシフィコ横浜で行われたイベント。世界中からひとを呼び、福島の原発事故、被ばく、原子力について学びあうとともに、原子力からの脱却を提案する場として開催された。

*4 脱原発世界大行進in横浜……「首都圏反原発連合」主催「脱原発世界会議2012 YOKOHAMA」に合わせ、2012年1月14日（土）に行われたデモ行進。ポートサイド公園〜山下公園までの約4.3キロを行進した。

*5 9・11新宿・原発やめろ!!!!デモ……2011年9月11日（日）に行われたデモ行進。アルタ前の広場での集会および新宿一帯を行進するなか、厳しくデモ規制をされ、参加者12名（運営者発表）が逮捕される事態となった。

*6 さようなら原発1000万人アクション……9人の呼びかけ人（内橋克人さん、大江健三郎さん、落合恵子さん、鎌田慧さん、坂本龍一さん、澤地久枝さん、瀬戸内寂聴さん、辻井喬さん、鶴見俊輔さん）による「さようなら原発」一千万署名　市民の会」（団体名表記ママ）が主催の脱原発アクションの総称。「脱原発を実現し、自然エネルギー中心の社会を求める全国署名」（さようなら原発1000万人署名）や集会、デモ行進などを行っている。

*7 3・11東京大行進……2012年3月11日（日）に行われた「3・11原発ゼロへ！国会囲もうヒューマンチェーン」のこと。「3・11再稼働反対！全国アクション」主催、「首都圏反原発連合」協力。「原発ゼロ」を求めるひとたちが集まり、「ヒューマンチェーン」（人間の鎖）となって国会を取り囲んだ。

*8 国会包囲……2012年3月11日（日）に行われた「3・11原発ゼロへ！国会囲もうヒューマンチェーン」のこと。日比谷公園で黙祷ののち、国会議事堂まで行進した。

●経産省前での抗議が、官邸前抗議のきっかけに

2012年の3・11の頃に何があったか。大飯原発が一旦、検査のために止まっていましたよね。その大飯原発を再稼動するかどうかで、冬ぐらいから経済産業省（以下、経産省）で「ストレステスト意見聴取会」（*9／以下、意見聴取会）という会議が何回かありました。

わたしたちは「3・11東京大行進」や国会包囲といった大きめのデモのかたわら、経産省前でも抗議をしていました。でも、そのときに一緒に参加していた、どちらかと言うと従来のままの活動をしているひとたちの行動が、集会のようだったんですね。せっかく経産省前にいるのに、抗議ではなくて、集まっている方たちに向かってスピーチをする、自分たちの団体の宣

8

伝をする、宣伝のビラを配る、と。そういう行動は、3・11前は当たり前でしたから、ある意味、わたしには見慣れた光景でした。でも、3・11後の現状からすると、違和感がありました。「どうしてここで集会をやるのか。この経産省前には抗議に来ているのではないのか」と思ったわけです。そのひとたちの「抗議」が終わった後、わたしたちは残って1〜2時間、抗議の参加者に向けてではなく、会議の参加者に向けて、シュプレヒコール（スローガンなどの唱和／「首都圏反原発連合」では通称コール）を上げました。

こういったことがあってからは、「首都圏反原発連合」だけで経産省前での抗議を続けました。そのとき、とにかく工夫したのが、トラメガ（トランジスタメガホン）の使い方です。わたしたちが抗議をしていた頃、意見聴取会は経産省の7階で行われていました。そこに声を届かせるためには、長いスタンドの先につけたトラメガを、さらにどれだけ上に向けられるかということが大事になってきます。音響機器系の担当のひとが、「声をどれだけ届かせるか」に全力を尽くしました。わたしの知っている方も意見聴取会に参加していたので、声が聞こえているかどうかを確認したら、「ちゃんと聞こえている」と返ってきました。

＊9　ストレステスト意見聴取会……「発電用原子炉施設の安全性に関する総合的評価（いわゆるストレステスト）に係る意見聴取会」のこと。当時の原子力安全・保安院（原子力規制委員会の前身）が運営し、2011年11月から2012年8月までの間に、全21回の会議が行われた。原子力の専門家、事業者などが参加し、市民は傍聴のみ。資料は原子力規制委員会のサイト（http://www.nsr.go.jp/archive/nisa/shingikai/800/29/800_29_index.html）より閲覧が可能。

12/3	街宣活動(新橋SL前／有楽町マリオン前)	
12/4	12.4自民党本部前抗議	500人参加
12/9	街宣活動(ラフォーレ原宿前／新宿西口小田急前)	
12/11	記者会見(脱原発「あなたの選択」プロジェクト、選挙へ向けて) 街宣活動(新東口／新宿西口／高田馬場)	
12/15	Nuclear Free Now 脱原発世界大行進2	集会1,600人、デモ5,000人参加
12/25	12.25経団連会館前抗議	600人参加
2013年 1/22	0122経団連会館前抗議	500人参加
2/5	記者会見(「0310原発ゼロ☆大行動」、NO NUKES MAGAZINE プロジェクトへ向けて)	
2/10	NO NUKES MAGAZINE配布開始(街頭配布・全国発送)	
2/19	0219経団連会館前抗議	300人参加
3/10	0310原発ゼロ☆大行動	総計40,000人参加
3/19	0319経団連会館前抗議	300人参加
3/21	超緊急!0321東電本店抗議	400人参加
4/2	合同記者会見(「6.2NO NUKES DAY」へ向けて) *さようなら原発1000万人アクション、原発をなくす全国連絡会と合同	
4/16	緊急!0416大飯原発をただちに停止せよ!関電東京支社前抗議	250人参加
5/18-19	One Love Jamaica Festival 「No Nukes Camp」ブース出店	
5/26	6.2 NO NUKES DAY COUNTDOWN LIVE／NO NUKES MAGAZINE街宣活動	
5/31	記者会見(「0602反原発☆国会大包囲」に向けて)	
6/2	6.2 NO NUKES DAY *3団体による同日巨大アクションの総称	延べ85,500人参加
	……0602反原発☆国会大包囲(首都圏反原発連合)	60,000人参加
	……6.2つながろうフクシマ!さようなら原発集会(さようなら原発1000万人アクション)	7,500人参加
	……原発ゼロをめざす中央集会(原発をなくす全国連絡会)	18,000人参加
6/25	記者会見(脱原発「あなたの選択」プロジェクト2013に向けて)	
6/28	脱原発「あなたの選択」プロジェクト2013開始(〜参院選まで)	
6/30	街宣活動(新宿南口／高田馬場)	
7/7	街宣活動(新宿西口／新宿3丁目交差点)	
7/13-15	全国辻立ちキャンペーン	
7/13	街宣活動(新宿、巣鴨、横浜、高円寺などで同時に活動)	
7/14	NO MORE FUCKIN' NUKES 2013 ブース出展	
7/18	街宣活動(高田馬場／新宿3丁目交差点)	

資料提供:「首都圏反原発連合」

資料2／「首都圏反原発連合」活動の軌跡（2013年7月まで）

＊首相官邸前抗議を除く
＊参加人数はすべて「首都圏反原発連合」調べ

2011年10/22	Rally for a Nuke-Free World in JAPAN	800人参加
2012年1/14	脱原発世界大行進in横浜	4,500人参加
3/11	3.11東京大行進／3・11原発ゼロへ!国会囲もうヒューマンチェーン(共催)	14,000人参加
3/29	首相官邸前抗議を開始	
6/17	6.17大飯原発再稼働反対集会参加・バスツアー（共催）	福井集会全部で2000人参加／東京より200人程度参加
6/29	記者会見（大飯原発再稼動における首相官邸前抗議行動などについて）	
7/16	7.16さようなら原発10万人集会（協力）	17万人参加
7/27	記者会見（「7.29脱原発国会大包囲」および首相官邸前抗議の質疑応答）	
7/29	7.29脱原発国会大包囲	延べ20万人参加
7/31	首都圏反原発連合と脱原発をめざす国会議員との対話のテーブル	
8/22	野田首相に対する要求・勧告行動	
8/27	緊急!8.27規制庁準備室前抗議行動 ＊8/31、9/7、9/14の首相官邸前抗議時も同時に抗議行動を実施	300人参加
9/25	9.25緊急!経団連会館前抗議	1,300人参加
10/2	10.2緊急!経団連会館前抗議	1,000人参加
10/16	10.16経団連会館前抗議!	1,300人参加
10/19	記者会見（近況報告及び今後の展開について）	
10/26	徹底討論!脱原発実現のための「脱原発法」意見交換会（共催）	300人参加
10/30	10.30経団連会館前抗議!	1,100人参加
11/9	記者発表（「11.11反原発1000000人大占拠」および日比谷公園の使用許可など質疑応答）	
11/11	11.11反原発1000000人大占拠	100,000人参加
11/20	緊急!自民党本部前抗議	700人参加
11/21	脱原発「あなたの選択」プロジェクト開始（〜衆院選まで）	
11/27	11.27経団連会館前抗議	650人参加
12/2	街宣活動（渋谷／新宿アルタ前）	

● 官邸前抗議、開始！

けれど、わたしたちの経産省前での抗議や多くのひとたちの反対もむなしく、会議を進めていたひとたちは「大飯原発は安全」だとした「四大臣会合」（*10）が行われました。そうして意見聴取会の次に、今度は政府が大飯原発の再稼動を判断する会合を行うのが首相官邸（以下、官邸）だったので、その情報が入ったのは、2012年の3月下旬。会合を行うのが首相官邸に抗議場所を移そうと決め、緊急でしたが、2012年3月29日に1回目の、そしていまなお続く、**首相官邸前抗議（以下、官邸前抗議）**をはじめたというわけです。

意見聴取会のときのように、会議に参加しているひとたちに聞こえるように、わたしたちの声を届けること、これは言い方を変えれば、「いやがらせ」です（笑）。会議室で〈悪巧（わるだく）み〉しているところに、「お前らの言っているようにはさせないぞ」と言う声が聞こえてくるなんて、相手もやっぱりいやだと思うんですよね。「反対する声を聞かせてやろう」言ってしまえば「いやがらせをしてやろう」という単純なことから、わたしたちの抗議ははじまっています。

官邸前抗議の作法は、経産省前での抗議の流れを汲み、従来のやり方を続ける団体の行動が、「抗議なのか、集会なのか」という疑問からはじまって、わたしたちの「独自の抗議をする」ことの意義を見出し、形にしていきました。

官邸前抗議のルール（資料3）について、一部の方からはすごく締めつけが強いと言われます。たとえば「ビラ（＝フライヤー）配布や署名集め等は抗議終了後の20時以降に」というもの。

12

資料3／首相官邸前抗議のルール

首相官邸前抗議のルール

日時：毎週金曜日　18:00〜20:00
場所：首相官邸前および永田町・霞が関一帯

● スピーチに関しましては以下のご協力をお願いいたします。
　・一人あたり「1分以内」でお願いします。
　・反原発・脱原発テーマに関係のないテーマでのスピーチはご遠慮ください。
　・特定の団体のアピールにつながるスピーチはご遠慮ください。個人としてアピールをお願いします。
● 反原発・脱原発というテーマと関係のない特定の政治的テーマに関する旗やのぼり、プラカード等はご遠慮ください。
● 現場が混雑しているため、ビラ配布や署名集め等は抗議終了後の20:00以降にお願いします。
● この首相官邸前抗議は、あくまで非暴力直接行動として呼びかけられたものです。その趣旨を十分にご理解頂きご参加いただきますよう、宜しくお願い致します。
● その他、基本的に主催者の指示に従っていただきますようあらかじめご了承お願いいたします。

主催者側の意向に沿わない内容であると判断した場合、中断をお願いすることもあります。あらかじめご了承ください。

出典：「首都圏反原発連合」(http://coalitionagainstnukes.jp/)

官邸前抗議のようす。手前がミサオさん。「首都圏反原発連合」の垂れ幕を背に、官邸へ向けて、メンバーが交代でコールをする。ミサオさんは2時間のうち、1時間ほどはコールに参加し、それ以外の時間は見回りやツイッター(@MCANjp)で抗議の写真を投稿するなどのバックアップに回っている。このときは、トランシーバーでほかのスタッフと連絡を取りながら、コールのようすを見守っていた。(2013年7月12日編集部撮影)

抗議中のチラシくばりは、従来の抗議活動に慣れている方にとっては当たり前だと思います。ですが、はじめてデモに来るひとも、官邸前抗議にはたくさんいます。たとえば、子どもを心配するおかあさんたち。抗議に来るのがはじめてで緊張していたり、純粋に反対の声を上げるためだけに来ているのに、いろんな団体から一方的にチラシを配られたら……とにかくびっくりすると思いますし、「デモってこんなものか」と、参加をためらうようになるかもしれません。そういうことは避けたい。わたしたちは、抗議へ参加す

ることの敷居を下げたいと思っています。官邸前に集まったひとたちのモチベーションに水を差したくないですし、何より抗議の「純度」を守っていきたい。官邸前抗議の場を、団体の人数を増やすための草刈場にしてほしくないのです。草刈場になってしまったら、抗議活動そのものが廃れてきます。なぜなら、「あそこに行くと勧誘されてしまう」ということになれば、新しいひとたちが来なくなるからです。そういう「草刈り」をやりたい方たちからはものすごく批判されるのですが、わたしたちは「どんどん新しいひとに参加してもらいたい」という考えがありますので、どう言われても何とか歯を食いしばって、運営を続けています。

*10 四大臣会合……「原子力発電所に関する四大臣会合」のこと。2012年4月から6月までの間に、全8回の会合が行われた。野田総理大臣、藤村内閣官房長官、枝野経済産業大臣、細野内閣府特命担当大臣（すべて民主党・野田政権当時／肩書きは議事録のママ）が参加。資料は経済産業省のサイト（http://www.meti.go.jp/policy/safety_security/yondaijin_kaigo.html）より閲覧が可能。

● 参加者の安全を確保しなければ、抗議は続けられない

わたしたちの抗議は最大で20万人という規模になりましたが、すべてを安全にやっていきたいということに変わりはありません。規模が大きくてもちいさくても、すべてを安全にやっていきたいということに変わりはありません。規模が大きくてもちいさくても、参加者の身を守ることはもちろんですが、たとえば事故が起きたり、けが人が出たりしたら、官邸前という場所で抗議ができなくなってしまうためです。あの場所自体、一般の場所ではない「グレーゾーン」（*11）であって、常に音の制限などもあります。抗議する必要がある間は、あの場所で続けられるようにしないといけないわけではありませんが、望んで抗議ができなくなるようにしないと

いけない。そのためには、何よりも安全確保が必要となります。参加者の誘導など、安全性を一番に考えながらやっていますが、警察の指揮系統が変わるなどで、どうしてもうまく行かなくなったこともありました。

安全性というところで言いますと、テレビなどに報道されるほど人数が集まったとき、抗議スペースとして確保されていた道が決壊して、車道までひとがあふれたことがありました。わたしは直感的に「これは止めないといけない」と思って、列の一番前で「とにかく今回だけで原発が止まることはありません。何回も続けないと、続けて圧力をかけていかないといけないので、今日はここまで一旦解散しましょう」と呼びかけて止めました。参加者の一部には、官邸などに突入したいような方たちもいて、わたしの行動はかなり罵倒されたり、それ以降も、そのときのことを引き合いに出して、インターネットなどで誹謗中傷をくり返されました。ただ、わたしたちの信念も固いので、そういう声に消耗させられることはあっても、流されるようなことはありません。

* 11 グレーゾーン……官邸前は、国会議事堂周辺地域に含まれるため、拡声器の使用などが「国会議事堂等周辺地域及び外国公館等周辺地域の静穏の保持に関する法律」により規制されている。ただし、適用上の注意として、国民の権利を侵害しないよう留意すべき旨が明記されており、憲法で保障されている「表現の自由」の範囲として、抗議が運営されている。

● 「反原発」人数の可視化とプレッシャー

わたしたちの抗議活動では、相手に「直接声を聞かせること」と同時に、「どれだけの人数

が集まっているかを見せること」も目的のひとつです。抗議活動の規模が大きければ大きいほど、そしてそれが目に見えるほど、相手にプレッシャーをかけられます。署名やロビー活動（特定の主張をする個人または団体が、政策に影響を及ぼす目的で行う私的な政治活動）なども大事なのですが、わたしたちは可視化に重きを置いています。

たとえば、わたしをきらいなひとがいるとして、そのひとたちから手紙や電話がいっぱい来るのもいやですけど、家の前に何百人も「ミサオをどうにかしろ」と詰めかけて声を上げられたら、多分、手紙よりずっといやだと思います。官邸前抗議は、これと同じことです。「反対している多くのひと」が目に見えることによって、人間はプレッシャーを感じるという、本当に単純な話。

わたしたちはよく「反原連（「首都圏反原発連合」）はすぐ『抗議の人数』のことを言う」と言われますが、それは規模が重要だからです。町中を歩くデモ行進などは、その町の住民の方にアピールするといった目的のためなので、かならずしも規模が大きいことがいいとも限りません。大きければアピール力があるのはもちろんですが。**わたしたちの官邸前抗議は、国の中枢に近い場所でやる以上、やはり人数が多ければ多いが、規模が大きければ大きいほど、政府へのプレッシャーになると考えています。**抗議の規模が大きくなればなるほど、参加者も多様性を帯びてきますので、問題ももちろん増えます。でも、「人数で政府にプレッシャーをかける」ことが、わたしたちの官邸前抗議の意義だと考えていますので、ゆずれません。

17　第1章　「原発ゼロ」を求める新しいグルーヴ、「首都圏反原発連合」

第2章　官邸前抗議がもたらした影響

● 参加者300人から20万人へ

経産省前の抗議には毎回300人くらいのひとが来ていましたので、1回目の官邸前抗議は、その人数そのまま、約300人ではじまりました。わたしはおそらく2〜3週間で、政府は再稼働するかしないかの判断をするかなと思っていましたが、四大臣会合は長引きました。当時の野田首相が「再稼働します」と宣言したのが、2012年6月8日）。そのときまで「まさか動かさないだろう」と思っていたひとたちが多かったと思うんです。そういうひとたちが、どんどん官邸前に来はじめました。はじめは300人で、4月・5月は大体1000人から2000人。この人数は、他団体がやっていたものと比べて、あの場所での抗議としては多いほうでしたが、まだマスコミが取り上げるような規模でもなく、報道もほとんどされていませんでした。それが、6月は週ごとに人数が上がっていき、ピーク時には20万人規模となりました（資料4、5）。報道が減った現在も、止めることなく、止めさせられることもなく、官邸前抗議には毎週3000〜5000人ほどが集まっています。

18

資料4／首相官邸前抗議の参加人数の推移（2013年7月まで）
＊人数はすべて「首都圏反原発連合」調べ

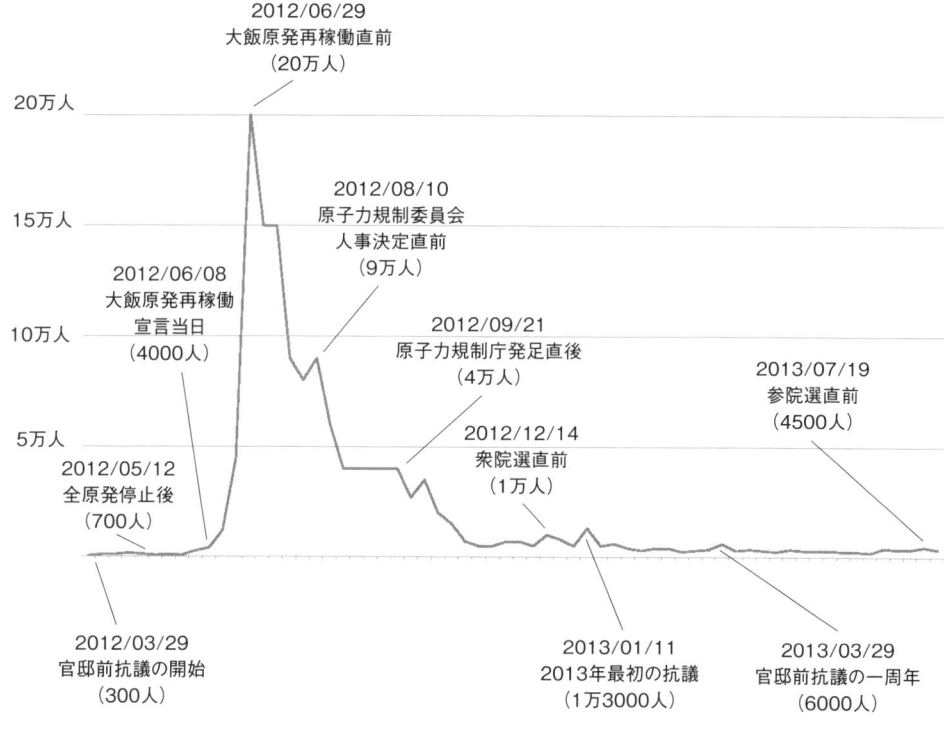

資料提供：「首都圏反原発連合」

＊各回の詳細な人数は資料5（p20）を参照。

グラフで最も高い山は、2012年6月29日の20万人。はじめの300人や、現在の3000〜5000人が少なく思えてしまうほど、大飯原発の再稼働反対のために集まったひとびとが多かったとわかる。

19　第2章　官邸前抗議がもたらした影響

資料5／首相官邸前抗議の参加人数(2013年7月まで)

＊印のついた回は金曜以外に開催
＊人数はすべて「首都圏反原発連合」調べ

	回	日付	人
2012年	1	3月29日＊	300
	2	4月6日	1,000
	3	4月13日	1,000
	4	4月20日	1,600
	5	4月27日	1,200
	6	5月12日＊	700
	7	5月18日	1,000
	8	5月25日	700
	9	6月1日	2,700
	10	6月8日	4,000
	11	6月15日	12,000
	12	6月22日	45,000
	13	6月29日	200,000
	14	7月6日	150,000
	15	7月13日	150,000
	16	7月20日	90,000
	17	8月3日	80,000
	18	8月10日	90,000
	19	8月17日	60,000
	20	8月24日	40,000
	21	8月31日	40,000
	22	9月7日	40,000
	23	9月14日	40,000
	24	9月21日	40,000
	25	9月28日	27,000
	26	10月5日	35,000
	27	10月12日	20,000
	28	10月19日	15,000
	29	10月26日	7,000
	30	11月2日	5,000
	31	11月16日	5,000
	32	11月23日	7,000

	回	日付	人
	33	11月30日	7,000
	34	12月7日	5,000
	35	12月14日	10,000
	36	12月21日	8,000
	37	12月28日	5,000
2013年	38	1月11日	13,000
	39	1月18日	5,000
	40	1月25日	6,000
	41	2月1日	4,000
	42	2月8日	3,000
	43	2月15日	4,000
	44	2月22日	4,000
	45	3月1日	2,500
	46	3月15日	3,000
	47	3月22日	3,500
	48	3月29日	6,000
	49	4月5日	3,000
	50	4月12日	3,500
	51	4月19日	3,000
	52	4月26日	2,500
	53	5月3日	3,500
	54	5月10日	3,000
	55	5月17日	3,000
	56	5月24日	3,000
	57	6月7日	2,500
	58	6月14日	2,500
	59	6月21日	2,000
	60	6月28日	4,000
	61	7月5日	3,500
	62	7月12日	3,500
	63	7月19日	4,500
	64	7月26日	3,500

……以降、継続して実施中

資料提供：「首都圏反原発連合」

● メディアで紹介される効果

よく「官邸前抗議は、ツイッターやネットの告知で広がった」と報じられていると思います。

たしかに、最初2012年3月に官邸前抗議をはじめたとき、ツイッターのツイートボタンで拡散する（＊12）という方法を主に取っていました。もちろん効果はあったのですが、**やっぱりネット上の告知だけだと、参加人数は1000～2000人くらいが限界**でした。

当時の野田首相の「大飯原発を再稼働する」という宣言によって、それまで官邸前抗議を知っていても参加していなかったひとたちも集まるようになり、少しずつ規模が大きくなっていきました。そうやって参加人数が増えはじめると、テレビや新聞といった、メジャーな媒体が報道をしはじめたんですね。その報道によって、**いままで官邸前抗議を全く知らなかったひとたち、とくにネットをやらないひとたちの参加がどんと増えました。**

悔しいですが、やはりメジャーなメディアの力、とくにテレビの効果というものを思い知らされました。さらに、「参加者の急増」がネットに戻って話題になり、注目されてまた参加者が増える……と、雪だるま式に人数が伸びました。ネットには一定の効果はあるけれど、やはりまだまだ、テレビの影響力というのは強いということを、わたしたちは本当に実感しました。

そして、報道されていたころをピークに、いまは参加人数が減ってきているんですね。テレビで報道されなくなったら、やはり人数は増えにくいようです。

たとえば主要なテレビ局が、原発に関して〈正しい報道〉をしているかと言えば、おそらく

そうではない部分がかなり多いと思っています。反面、本当に悔しいことですが、テレビのような媒体がもっている影響力はとても強い。それに、多くのジャーナリストの方は、著名にならなければならなるほど、わたしたちが「もっと反原発について声を上げてくれ」と言うくらいに留められるんです。そういう状況が日本にもつくられない限りは、テレビのような媒体が〈正しく〉なっていかないのだと実感します。アメリカなどではジャーナリスト自身が自分の意見をもっています。「内心、反対なんだけど」中立の立場を取る。わたしたちが「もっと反原発について声を上げてくれ」と言うくらいに留められるんです。そういう状況が日本にもつくられない限りは、テレビのような媒体が〈正しく〉なっていかないのだと実感します。メディアとの関わり方、そしてメディアの在り方の問題に、わたしたち「首都圏反原発連合」も直面しています。

*12　ツイートボタンで拡散……たとえば「明日、どこそこでデモをする」という情報をツイッターでつぶやき、それを読んだひとたちがリツイート（発言者のツイートをそっくりそのままコピーして伝えること）で自分とつながりのあるひとたちに伝え、それを読んだひとたちがまたリツイートをして……と、ツイッター上で情報を広めていくこと。

● 「警察」という個人の集まりに対して

２０１２年の６月、７月は、官邸前抗議の参加者が一番多く、同時に、警備がとても厳しくなった頃でした。それまでは、官邸周辺が麹町署の管轄なので、麹町署のひとたちが指揮を取ってくれていました。実は、麹町署はかなり良心的な対応をしてくれていて、人数が増えすぎて、官邸前の抗議スペースに参加者が収まりきらなくなったとき、警備の責任者の判断で、車

22

官邸前の抗議スペースとなっている歩道は、柵ではなく、コーンとバーで仕切られている。設置や撤収は警察が行うが、抗議中にスペースからはみ出してしまうひとには、「首都圏反原発連合」のスタッフが声をかける。抗議開始の夜6時頃は、官庁に勤めるひとが多く行き来するが、きちんと仕切られているので、衝突することなどはない。手前のバーは、抗議スペースと向かい合った取材用スペースのもの。（2013年7月12日編集部撮影）

道を1本、抗議スペースとして拡張することになりました。ただ、拡張してしまいましたけれども、最後には決壊してしまいました。抗議開始の頃は、当時の警備の責任者と打ち合わせをしていましたが、あれほど抗議の規模が大きくなってくると、麹町署だけに任せられないということで、その上に機動隊が入りました。あくまでも窓口は麹町署のままですが。機動隊が指揮に入るタイミングで、いまや当たり前になっている柵（車道と歩道を隔てる鉄柵）も登場しました。

機動隊が指揮をすることで、警備のやり方がまったく変わっ

てしまって、わたしたちも、相当やりづらくなった時期がありました。当時、参加者からよく聞いたのは、「官邸前に行こうとしているのに、たらい回しにされた。すぐそこに見えるところに行きたいのに、迂回経路をぐるぐる回されて、それだけで疲れてしまった」といった話でした。また、機動隊というのは、一機から九機までと特車（特科車両隊）で編成されています。機によって、また隊長によって、わたしたちに対してすごく感じの悪い機もあれば、かなり良心的な機もあります。たとえば、「スタッフの腕章をしているひとは、ここを通してもいい」というような伝達さえ、機によっては全員に行ってないところもあったりするわけです。しかも、向こうは自分たちの方針を伝えないので、こっちは「大体こういう対応になるだろう」と見当をつけて、自分たちの動きを考えています。

2012年の6月、7月当時は、総勢200人近くのスタッフで運営をして、なるべくわたしたち「首都圏反原発連合」のスタッフが、参加者を誘導するようにしていました。なぜなら、「警察嫌い」の方もいらっしゃるからです。これはわたしたちと麹町署で同じ方針をもって、なるべくスタッフが誘導するということになっていたのですが、その打ち合わせどおりに警察側がやらなかったり、配置されている機動隊によって、スムーズに誘導ができるエリアもあれば、そうじゃないエリアがあったりしました。「なんでここを通さないんだ？」という声が参加者から上がっても、わたしたちにはどうしようもないような状況でした。

一部の参加者などから「警察と一緒になって、無意味な誘導をしている」とか「警察の犬

24

などと言われたりすることもありました。ただ、そういう方に限って、警察に文句を言いたいだけだったりするんですよね。同じ反原発・脱原発を掲げながら、主催するわたしたちに対して批判をしてくる方たちは、わたしたちの安全第一というやり方、警察とちゃんと打ち合わせをするというやり方をいやだと思っている、要は「反権力」「反警察」の方たちです。そういう方たちは、警察が誘導をしたり、何かを制限したりするとすぐに「弾圧だ」と言いますが、それは安直すぎます。イメージではなくて、もっとリアルな警察の事情を知ってほしいと思います。これは警察をかばっているわけでは全くありません。わたしたちは官邸前だけではなく、この1年ほど、日本経済団体連合会（以下、経団連）や自由民主党（以下、自民党）などに対してのものを含めて、100回近く抗議をしています。その現場で、警察とやりとりしているうちに理解したことです。

ひとことで「警察」と言っても、警備をしているひとたちは一人ひとり違う、自分の考えをもっています。以前、わたしたち「首都圏反原発連合」のオリジナルTシャツをつくって、抗議の際にカンパのお礼として配布していました。その後、わたしが以前から反原発・脱原発ブースを出していた「ワン・ラブ・ジャマイカ・フェスティバル」というイベントに、「首都圏反原発連合」として参加することになり、そこでTシャツを売ることになりました。イベントは土日だったのですが、その前日の金曜日に、いつもいる警察関係のひとが、うちのスタッフのところに来て、こっそりと「ここではTシャツを買えないから、ジャマイカ・フェスに行っ

国会議事堂前駅の改札前に置かれた案内板のひとつ。官邸前に近い出口には1、2番もあるが、抗議前後と抗議中は、混乱を避けるため、使用が制限されている。これも警察によって設置・撤収される。抗議の参加者が多く見込まれる日は、さらにひとつの出口に絞られることがある。（2013年7月12日編集部撮影）

て買う」と言ってくれたそうです（笑・拍手）。そして本当にイベントに来て、Tシャツを買っていきました。こんなふうに、こっそりやってきて「応援してるから」と言って去っていく警察関係のひとたちもいるんです、本当に。

わたしは警視庁に行って話をするときに、はじめて会うひとにはかならず「原発のことをどう思いますか?」と訊きます。すると、多くの場合、「立場上言えないけれど、自分たちも福島に行っていますから……」という答えが返ってきます。もちろん警察を上から下まで信頼し

ているわけではありません。一枚岩ではない。そして現場にいる一人ひとりは、みんな個人で、勤めびとであるわけです。だから接していると、先ほどのようなエピソードがあったりします。「原発のことは、やっぱりいやだよね」と思いながら警備をしているひとが本当に多いので、だったら敵対するよりも協力して……と思っています。警察のひとたちは、こころから事故を出したくないと思っています。わたしたちの求める「安全」、事故を出さないという方針は、警察の面子を潰さないということにもなるのです。

もちろん、なかにはほんっとうに感じの悪い方もいますよ（笑）。指揮する側だからって、偉そうにしている姿を、わたしたちは「警察病」と呼んでいます。ひとを動かす立場にあると、偉くなった気分になるみたいなんですね。そういう方も、いるにはいます。

● 政府が「原発ゼロ」へと傾いた事実

2012年の6月・7月にあれだけの人数が集まったのは、もちろん官邸前抗議そのものだけの力ではありません。「さようなら原発1000万人アクション」などのデモ・集会・署名活動の影響もありますし、3・11以降、全国各地で反原発・脱原発の運動が広がっていた頃でした。そのピークにちょうど、官邸前でのあの規模の抗議ができたのだと捉えています。では、当時は民主党政権だったわけですが、「原発ゼロ」とどんな効果があったのかを考えますと、わたしたちが基本的に主張している即時廃炉ではなかったということを、実際に言いかけました。

たのですが、段階的に、「将来的にゼロにしていく」と、「原発ゼロ」を言いかけたことがあったのです。わたしは、いくつかのルートから両院の情報などをかなり進んでいたようですが、こう言い切っています。「原発ゼロ」の方針は、当時の野田政権のなかでかなり進んでいたようですが、結果的になぜ閣議決定されなかったかと言うと、アメリカ合衆国と経団連の申し入れ、つまりは圧力ですね。これで閣議決定までは至らなかったという事実（*13）があります。目に見える結果は残りませんでしたが、わたしたちの、そしてみなさんの3・11以降のアクションが政府を動かしかけたという実績は、2012年の時点で充分にできたと、わたしは評価をしています。官邸前抗議だけではなくて、たくさんのアクション、たくさんの大きなデモ、それらの積み重ねによるものです。一人ひとりが集まったことが、政権に影響を及ぼした。これは本当に間違いないと思います。

いま（2013年6月8日現在）、官邸前抗議はピーク時に比べると、ちょっと人数が落ち着いています。ですが、とにかくデモや集会、抗議というものは、続けていくことで話題になります。話題になれば、わたしたちの動きが世論に影響を及ぼすとともに、ほかの署名運動やロビー活動など、いろんな活動の底上げになると思います。だからこそ、わたしたちはあきらめずに、粘り強く、抗議をやっていこうと思っています。

*13 「原発ゼロ」が閣議決定に至らなかった事実……2012年9月19日（水）、当時の野田内閣が「2030年代に原発稼働ゼロ」を目指す戦略の閣議決定にて、その判断を見送ったこと。東京新聞でも、経団連・経済同友会・日本商工会議所が「原発ゼロ」の政策に反対の記者会見を開いたこと、アメリカ合衆国政府が閣議決定を見送るよう求めたことの影響などを報道した。

28

● 脱原発「あなたの選択」プロジェクト

2012年に衆議院選挙（*14／以下、衆院選）がありました。残念ながら、自民党、つまり原発推進の党が議席を多く取り、与党に返り咲いてしまいます。この時期に、おそらくそれぞれ選挙に向けて、みなさん何か動いたことと思います。わたしたちも、最初は年明けだとか年内だとか、遅ければ春くらいに衆院選になるだとか、そういう不確定な話が入ってくるばかりでした。ちょうどその頃、2012年11月11日に、わたしたちは大きいデモをしました。「11・11反原発1000000人大占拠」（*15／以下、「1000000人大占拠」）です。かなりあおったタイトルでしたね（笑）。この準備に追われながら、来たる衆院選に向けて、何をしようかと考えていました。

わたしたちで考えたのは、**脱原発「あなたの選択」プロジェクト（以下、「あなたの選択」プロジェクト）**というもの。きれいなフライヤー（資料6）をつくって、それに各政党の原発に関する政策を並べて見せる。**フライヤーの上のほうは脱原発度の高い政党、下に行くほど原発推進度が高いという表をつくって、それを印刷して配布するという企画を実行しました。**

プロジェクトを展開するうえで、最初は野心をもちまして、たとえば携帯電話会社のような有名企業とタイアップして、チェーンの店舗にポスターを貼ってもらうなど、いろんな構想がありました。でも、ちょうど「1000000人大占拠」が終わってすぐに、衆院選の日程が出たわけです。それがかなり間近だったので、焦りまして。企業とのタイアップなんて時間が

29　第2章　官邸前抗議がもたらした影響

かかりますから、もうそんなことをやっている時間はないと、タイアップは諦めざるを得ませんでした。

衆院選を前にした当時、いろんなところから、「うちの政党を応援してくれ」「この議員を応援してくれ」と言われました。でも、わたしたちは党派性を出したくありませんでした。なぜなら、わたしたちが目指しているのは、とにかく抗議を「大衆化」することです。大衆化というのは、規模が大きくなるということ。抗議の規模を大きくすることで、わたしたちの要求が通りやすくなります。その一方で、社民党を薦めるひと、共産党を薦めるひと、なかには民主党支持のひともいます。もちろん、無党派の方も多い。そこで、わたしたちとしては「党派性を出さない」、「どこを応援している、誰を応援しているということを中心としない」ということを、メンバー内で確認し合いました。要は、わたしたち「首都圏反原発連合」は、選挙運動に身を投じるべきではないという判断で、方針を決めたんですね。あくまで、「どの政党を選ぶのがいいのかはみなさん自身で考えて下さい」という呼びかけです。

「あなたの選択」プロジェクトで、フライヤーを配布するというアクションを選んだのは、先ほどから何度も名前が挙がっている「1000000人大占拠」のときのフライヤー配布に予想以上の反響があったので、来る衆院選にも「これしかないな」と考えたからでした。「7・29国会大包囲」（*16）の頃から、抗議やイベントなどの詳細を書いたフライヤーを、抗議の

30

資料6／脱原発「あなたの選択」プロジェクトのフライヤー（本来はカラー）

提供：「首都圏反原発連合」

参加者の方たちに持って帰って配ってもらう、もしくは「無料でお送りしますので、みなさんの周りで配って下さい」とホームページで告知するようにしていました。わたしたちには、資金力のある組織や団体などのバックグラウンドがないので、本当にいろんなひとがボランティアで協力してくれます。抗議の際に100枚ものフライヤーを持って帰ってくれたり、反対にフライヤーの郵送作業を手伝ってくれたり。「あなたの選択」プロジェクトのフライヤーは、3週間くらいの間になんだかんだで50万枚近く発行しました。

31　第2章　官邸前抗議がもたらした影響

これはすごい数字だと思います。日本の人口に対したら、たいしたことない数字かもしれませんが、わたしたち「首都圏反原発連合」のような存在が出す枚数にしては、かなりの数字でした。そして本当にびっくりするのが、ひとりで1000枚配ってくださった方がいらしたりすることです。抗議に来てくれるひとが主なのですが、本当に、みなさん一人ひとりが自分でできることをとにかくやっている。日常的に近所の方に配っているとか、こういうふうに活用しましたというお知らせなども届きます。積極的な姿勢が多くのひとから感じられて、わたしたちの力、励ましになっています。わたしたちが発信しているのは「できるだけやる」という姿勢。活動だけれども、特別なものではなくて、日常に組み込まれる。そういう動きが、ちょっと根づいてきたのかなと思いました。

選挙の結果は、あのように自民党が〈圧勝〉する形になりました。それでも成果はあって、このときから、わたしたち「首都圏反原発連合」の活動に直接抗議以外のもの、「水面下のデモ」と呼ぶものが増えました。「あなたの選択」プロジェクトを通じて、リーフレット作成・配布、つまりは紙媒体で情報を知らしめるという、もうひとつの活動の方向が偶然に見えてきたわけです。

*14　2012年の衆議院選挙……2012年11月16日（金）の衆議院解散に伴い、同年12月4日（火）に公示、12月16日（日）に行われた。それまで民主党・野田政権だったものが、自民党が大量の議席を獲得したことにより与党に返り咲き、自民党・安倍政権へと移った。

32

*15 11・11反原発1000000人大占拠……「首都圏反原発連合」主催。2012年11月11日（日）に首相官邸前、国会議事堂周辺をはじめとする永田町・霞が関一帯で行われた集会・デモ。ただし、デモは日比谷公園からの集合・出発の許可が東京都から下りず、中止せざるを得ないこととなった。

*16 7・29国会大包囲……「首都圏反原発連合」主催。2012年7月29日（日）に行われたデモ行進・アクション。日比谷公園からデモ行進をしつつ国会議事堂へ向かい、大勢の参加者によって取り囲んだ。

第3章 これからの反原発活動

● 「原発ゼロ」の意識が薄い層へ

「あなたの選択」プロジェクトを行った衆院選のあと、わたしたちなりに、〈負けた〉原因を分析しました。**いまの日本では7～8割が「原発いらない」という思いをもっていると言われています。ただ、その7～8割のなかにも、意識に濃い薄いという、グラデーションのようなものがあると思います。**グラデーションが濃いめの「即時」派から、薄めの「やっぱりない方がいい」と思うひとたちというように。2012年の夏ごろの規模になった官邸前抗議には、グラデーションが薄めの方たちも、報道で興味をもったとか、ちょっとブームみたいな流れで来ていたかと思います。こうした抗議は、長引くとだんだん参加するみなさんが疲れてきます。

世界的に見ても、大きな革命、最近ではニューヨークの「ウォール街を占拠せよ」（＊17）とか、「アラブの春」（＊18）などでも、最大規模のデモが起こるのは、2ヶ月くらいの間が多いんですよね。それは多分、人間の性質なのだと思います。わたしたちは、2012年6月の規模のデモというものを、「あのときが特別だった」と捉えています。ですので、人数がだんだん安定してきたとは言っても、抗議としては充分に大きい規模だと思っています。

34

官邸前抗議に熱心に参加してくださっているひとたちは、ほとんどが即時廃炉を求めていると思います。結局、衆院選のときには、わたしたちの声はおそらく、**即時廃炉を求めるような**グラデーションの濃いひとたちにしか届いていなかったのではないかと考えています。グラデーションが薄めのひとたちは、いま（2013年6月8日現在）、原発は大飯原発の2基しか動いていないこと、その大飯原発を止めても電気は大丈夫ということすらも確信できていない。そういうひとたちがかなり多いと、いろんなところでヒアリングをして知りまして、「なるほど」と思いました。即時派のひとたちは、こちらから働きかけなかったとしても、自分たちで充分に情報を得ています。そういうひとたちではなくて、**抗議に来ていないような、グラデーションの薄めのひとたちに、「原発がなくなっても、電気は充分つくられている」「原発は止めても大丈夫」**ということを伝えないといけないな、と。

*17 「ウォール街を占拠せよ」……"Occupy Wall Street"の邦訳。2011年9月、ニューヨークのウォール街近く、ズコッティ公園を拠点に発生した「公共スペース占拠運動」の総称および合言葉。真の民主主義を求め、大勢で話し合いのできる場所を占拠することで、ウォール街に象徴される資本主義に抵抗した。「アラブの春」（*18）に影響を受けたとされる。
*18 アラブの春……2011年からアラブ諸国で起きた政治革命の総称。1月に起きたチュニジアの「ジャスミン革命」から、エジプト、リビア、イエメン、シリアなどに広まった。1968年の「プラハの春」にならい、こう呼ばれる。

● 脱原発「あなたの選択」プロジェクト2013（2013年7月末の情報を元に加筆）

2013年7月の参議院選挙（*19／以下、参院選）に合わせ、脱原発「あなたの選択」プロジェクト2013（以下、「あなたの選択」プロジェクト2013）を実施しました。

基本的に前回（2012）と同じ内容で、そこに新しくふたつのアクションを加えました。

ひとつは、「辻立ちキャンペーン」というもの。その名の通り、街角に立って、アピールをしながらフライヤー（資料7）を配りました。前回も街宣はしていたのですが、終わったあとくらいに、メンバーから「辻立ちして配ってみればいいんじゃないか」という話が出ていまして、それで今回「あなたの選択」プロジェクト2013の一環にからめて、やってみることにしました。連休の三日間（2013年7月13日～15日）を使って、初日は「首都圏反原発連合」のメンバーだけで、そのほかは有志のみなさんにも参加してもらって、何ヶ所かで同時に行ったりしました。この「辻立ちキャンペーン」は、やはり「**みんなができることをやっていく**習慣というか、活動のスタンダードをつくりたいというのがあっての試みでした。長い目で見たときに続けやすく、同時に「こういった活動はあまりむずかしくないんですよ」ということをわかってもらうという意味でも、「辻立ちキャンペーン」の効果はあったと思います。

「辻立ちキャンペーン」は、有志のみなさんにわたしたち「首都圏反原発連合」が配っている場で一緒に配ってもらうのと並行で、全国同時多発として、みなさんのお住まいの地域で、できる範囲で配ってもらうようにしました。その予定やようすを、ツイッターでわたしのところに送ってもらい、それを「首都圏反原発連合」の公式アカウント（@MCANjp）でリツイートする、と。わたしはツイッター係だったので、メンバーが辻立ちをしている間、移動用の車のなかで「メンバーの辻立ちのようすをツイート」と「有志のみなさんの報告をリツイート」

36

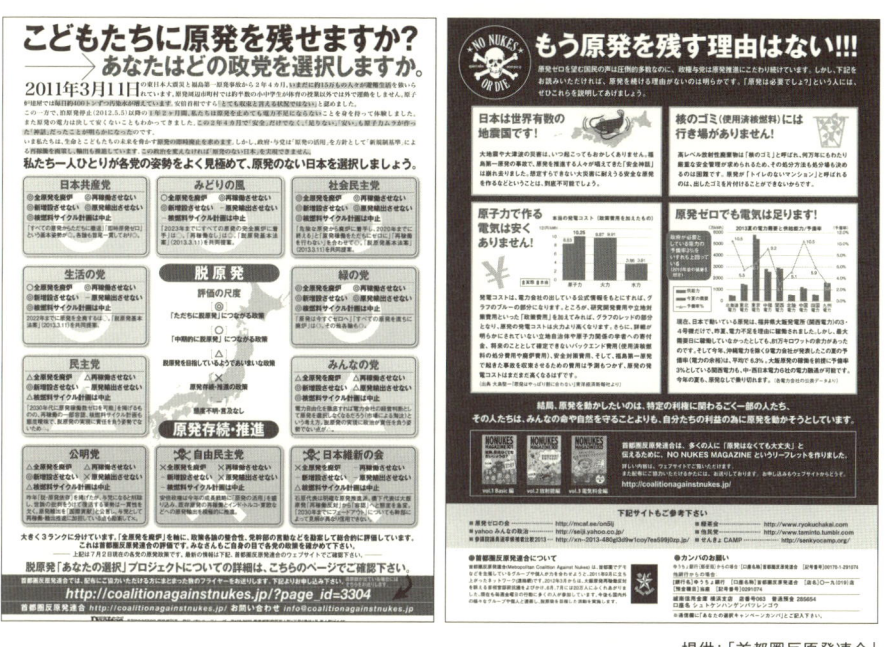

資料7／脱原発「あなたの選択」プロジェクト2013のフライヤー（本来はカラー）

提供：「首都圏反原発連合」

していました。そういう形で活動のようすを見せていくことは、ネットだけの範囲にしても、やらないよりはやったほうがずっといいと思っています。ちょっとでも「できるんだ」という気持ちが生まれるほうが大事だと思っていますので。だから「辻立ちキャンペーン」自体も、たくさん配ることよりも、わたしたちの活動を見てもらうことを大事に考えました。

もうひとつは、フライヤーの新聞折り込みです。お金はかかってしまいますが、フライヤーを多くのひとに、確実に届けられる方法です。**今後も選挙に限**

37　第3章　これからの反原発活動

高田馬場駅での「辻立ちキャンペーン」中。道ゆくひとたちにフライヤーやNO NUKES MAGAZINEを配るメンバーのほかに、車の上で「脱原発」について熱く語るメンバーも。（2013年6月30日編集部撮影）

らず、原発に関する情報をまとめたフライヤーを新聞に折り込むことを、活動のひとつとして続けたいと話しています。「原発ゼロ」の意識向上のためには、選挙やイベントの告知だけでなく、定期的に呼びかけるものも必要だと思っていますので。このフライヤーの新聞折り込みは、地域で自主的にしてくれたひとたちもいるそうです。すごいことですよね。

フライヤーは今回、45万部配りました。前回は団体からの申し込みが多かったのですが、今回は一般の方からの申し込みが多かったようです。そういう意味では、「あなたの選択」プロジェクトそのものが、一般の方一人ひとりへ普及してきたということですね。

● NO NUKES MAGAZINE

「首都圏反原発連合」では、**NO NUKES MAGAZINE**というリーフレット（資料8）を発行しています。これは、「あなたの選択」プロジェクトのフライヤーにわたしたちの予想以上の反響があったことと、「あなたの選択」プロジェクトでの〈負け〉から、来たる参院選を意識し、反原発・脱原発の意識がまだ薄めのひとたちへ情報を伝えるためにはじめました。このリーフレットは、積極的に反原発・脱原発活動をしているひとが読んでも、「言われなくても知ってるよ」という内容ばかりです。でも、**原発や放射能について、ちゃんと理解していないひとというのは本当に多い**。だから、まずは手に取ってもらえること。そのために、とにかく文字数を少なくしてイラストを入れたり、目を引きやすい派手な見た目のリーフレットにするよう、こころがけています。「あなたの選択」プロジェクトのフライヤーのように、つくったリーフレットをホームページで宣伝して、申し込んでくれたひとに送付することを続けています。**フライヤーなど、配布物は基本的に無料で提供**しています。ただ、このリーフレットに関しては、**費用はすべて、みなさんのカンパからまかなわせていただいています**。1枚ペラではなくて、4つ折りにしていますので、ちょっと製作費が高くかかります。ですので、120枚以

＊19 2013年の参議院選挙……2013年7月28日（日）に行われた。2012年の衆院選に続き、自民党が圧勝。自民党だけでも過半数近い議席を獲得し、連立する公明党と合わせて与党が過半数を超える結果となった。

39　第3章　これからの反原発活動

資料8／NO NUKES MAGAZINE（2013年8月末現在で発行済のもの）

NONUKES MAGAZINE VOL.01
結局、原発なくてもだいじょうぶ？
Basic編 ／ ほんとはどっち？

放射能汚染の現状は？

福島第一原発の事故から2年が経ちましたが、環境が放射能に汚染されているためにいまだ家に帰れず避難している人が16万人もいます。

チェルノブイリ事故の起きたウクライナでは、年間の放射線量が5mSvを越えると避難の義務が生じ、年1mSv以上で避難の権利が保証されています。ところが日本では、仕事で放射線を扱う人の上限である年間20mSvが子どもを含む一般の人々にも適用されています。

つまり、多くの人々が汚染された環境で暮らしつづけているのです。このことは、国連人権委員会からも批判されています。首都圏でも一般の人に対する日本の法的基準である年間1mSvを超えるホットスポットが点在します。半減期※が30年のセシウム137は、将来にわたって私たちの子孫に対して影響を与え続けます。

※半減期とは、放射線量が半分に減る時間。半分に減るだけでは人体になくなりません。放射能汚染が日本のどこにどのくらい広がっているかについては、文部科学省の「放射線量等分布マップ」をご参照ください。→ http://ramap.jaea.go.jp/map/

NONUKES MAGAZINE VOL.02
放射能は安全に管理できるの？
放射能編

燃料プールってなんですか？

使用済核燃料を水で冷やすための施設です。冷却がうまくいかなくなると事故に！

使用済核燃料は大量の崩壊熱を出すために、原子炉から取り出したあとも何年も冷やし続けなければなりません。各原子炉には建屋内に使用済核燃料を保管するプールがありますが、なんらかの理由で冷却水の循環がストップしたり冷却水が失われたりすれば、使用済核燃料が臨界に達し、メルトダウンに至る危険があります。

ほそく

福島第一原発事故当時、4号機の燃料プールに250tもの使用済核燃料がむき出しで保管されていました。原子炉とちがって格納容器で守られていない使用済核燃料がメルトダウンした場合、最悪のシナリオでは盛岡から東京全域、横浜市に至る半径250km、避難人口3,000万人の大惨事となるところでした。

40

NO NUKES MAGAZINEはすべて、表紙と裏表紙を含めてカラー8ページ。（右ページ上）vol.01 BASIC編の表紙と中面1ページ／（右ページ下）vol.02　放射能編の表紙と中面1ページ／（このページ上）vol.03 電気料金編の表紙と中面1ページ
提供：「首都圏反原発連合」

上だと有料、それ以下だと無料でお送りするということで、お願いをしております。

VOL・01、Basic編では、基本的なこと、「安心して、いま原発を止めていい」ということをまとめました。

VOL・02、放射能編では、Basic編よりもうちょっと踏み込んで、「放射能を制御することなんてできない」ということを、あまり放射能に詳しくない方たちが読んでもわかるように噛み砕いています。

VOL・03、電気料金編では、生活に直結する電気料金について、「原発は動いていても、止まっていてもお金がかかり、電気料金に上乗せされている」ことを、詳しく説明しています。

41　第3章　これからの反原発活動

● 資本主義社会で、資本のあるものと対峙する苦悩

NO NUKES MAGAZINEのところでも、費用やカンパなどお金のことに触れましたが、活動をするうえで、資金がもっと潤沢にあればな……とよく考えます。もし資金があれば、テレビのCMなどを流せるわけです。

反原発・脱原発派のみなさんは、すごく強い気持ちや志をもっています。でも、資金の違いで社会のなかで戦っていると、どうしても資金・資本をもっているものが強いと考えざるを得ません。電力会社はテレビでCMを流せますし、いろんなタレントを使って宣伝することもできます。地域にお金を落として、ひとや企業を買収して、住民を分断させる、という方法も取ってきます。それに対して、**ほとんどお金のないわたしたちがどうやって戦い、そして勝つのか。**

先に警察のところでお話した、「首都圏反原発連合」のオリジナルTシャツに関しても、お金にまつわるエピソードがあります。Tシャツはだいぶ前からつくろうという話にはなっていたのですが、なかなか実行できていませんでした。わたしたちは無給で活動していますので、ちょうどその頃、とくにお金のないメンバーの誰かが失業したところでした。組織的にも、精神的にも、活動がむずかしくなると考えていますので、そのひとを救済するために、「首都圏反原発連合」でそのひとにTシャツづくりを依頼して、とりあえず1〜2ヶ月食いつないでもらおうと考えました。そのために、オリジナルTシャツづくりを決行したのです。

推進派とわたしたちの違いは、まず資金の違いです。資本主義

つまるところ、もっとお金があればな、と考えてしまう。テレビでCMを流すとなれば、億単位のお金が必要になってしまいますので、そこまでとは言いませんが、やはりわたし自身、思い詰めてしまうところはあります。それでも、ただ思い詰めていても仕方がないので、とにかく思い続けられることは続けていく。

わたしたち「首都圏反原発連合」のなかでは、官邸前抗議をやめるという話は一切出ていませんので、抗議とともに、フライヤーやリーフレットの配布をもうひとつのメイン活動として、さらに効果のある方法も考えながら、反原発活動を続けていきます。

● これからの抗議活動

2012年末以降、自民党が与党になったことで、脱原発運動が厳しくなったことは、みなさん感じていると思います。この政党は何十年間にもわたって、50何基もの原発をつくってきた政党ですから。政府としては、せめていまある原発を再稼働させたいと考えているかと思います。わたしたち、まずはそれを阻止する。今後どのように運動を展開していくかに関しては、なかなか「これなら絶対大丈夫」という方法はないと思います。それでも、国会のまわりに毎週20万人が集まるようなことが起これば、さすがの自民党も「何とかしないといけない」と考えるかもしれません。結局、そう思わせることが、あの場所での抗議の一番の効果なのです。同時に、世論も高まりますので、「再稼働」とは言っていられない状況に追い込むことは、

43 第3章 これからの反原発活動

かならずできます。でも、いまの状況では、すぐにはそこまでの盛り上がりを見せることがむずかしいところはあります。

とにかくわたしが思いつくのは、抗議を成功させたいということ。成功させるためには、抗議活動が「一部のひとがやっている、特別なもの」というイメージのままではいられないと思っています。だからこそ、官邸前抗議を**「大衆運動」**にすることを常に意識しています。参加しやすい、誰でもできる抗議。外出や会社帰りにも、ちょっと寄れる「何かの帰りに寄れる」ようにするために、夕方6〜8時という時間設定にしています。通勤鞄を持ったまま寄って、10分でもいいから一緒に声をあげて、そして帰る、と。そういう場にすることで、官邸前抗議を大衆運動にしていきたいのです。大きく括ると、**これからの反原発・脱原発活動は、運動そのものをどんどん大衆化させていくことが重要だ**と考えています。これはどういうデモでも、どういう抗議でも、どういう集会でもそうだと思っています。官邸前抗議には、高校生や中学生で常連の方もいます。そういう年代の参加者が、もっともっと参加しやすいものをつくることが重要になるのです。

あとは、ネットが主流の時代と言われていますが、ネットを活用する年代は意外と限られていますし、まだまだネットをそんなに活用されない高齢の方もいらっしゃいます。**やはりチラシなどの紙媒体は、これからも大事だと思います。ネットばかりではなくて**、何とかそこをみんなで、うまくまとまりたい。そのためにはやはり、世代的な違いはあるのですが、

44

運営者同士、参加者同士がお互いに歩み寄って、お互いの世代の架け橋になることが、わたしはすごく大事なのではないかなと思っています。もちろん、普段は別々にやっていてもいいのですが、**まとまるときにはまとまって、がつんと大きいアクションを打ち出そうという流れ**も、どんどんつくっていきたいなと考えています。

わたしはいま「首都圏反原発連合」で戦略担当、外務担当、警察対応のようなポジションにいます。外の先輩方、いろんな首長の方たちと、年代を問わず一緒にやっていける機会があれば、いつでもお話をうかがいたいです。

● 原発事故は終わっていない（2013年7月末の情報を元に加筆）

2013年7月に、規制庁の新基準が決まりました。わたしは2007年からと短い間ですけれども、あのひとたちがずっと国民に対する裏切りをしてきたのを見てきたので、かなり疑い深くなっています。最近はもんじゅの停止命令（*20）などが出たりしましたが、もしかしたらもんじゅの停止命令さえも、わたしたち国民を油断させようとしているのかなと勘ぐったりもします。真相はわからないですけれども。そういうなかで、今後の反原発・脱原発がどういうふうに動くのか、**今年2013年はひとつの正念場**であり、去年よりは戦いにくいことを実感してもいますが、とにかくわたしたちはやり続けるしかありません。

先日の参院選は自民・公明の〈圧勝〉で終わりました。ですが東京の選挙区で言うと、山本

45　第3章　これからの反原発活動

太郎（＊21）さんと吉良よし子（＊22）さんが当選したことは、相当大きいと思っています。反原発の主張をしていたふたりが当選したというのは、やっぱり東京のひとたちの意識が高くなった部分はあるかなと。わたしは特定の支持政党をもたないので、今回の選挙で共産党が議席を伸ばしたのは、反原発・脱原発というわけではないのですが、今回の選挙で共産党が議席を伸ばしたのは、反原発・脱原発にとってはけっこう大きいことだと思ってます。反原発・脱原発の活動を続けていくうえで、全体的には厳しい時代になりますが。

わたしたち「首都圏反原発連合」は、万が一、更なる事故が起きたり、政府が原発推進の政策を打ち出してきたら、すぐにアクションを打てるような瞬発力は維持していかなければならないと思っています。わたしたちの活動はどうしても、政府の動きに合わせないといけない部分もありますが、だからと言って政府の動きに振り回されすぎてしまうと、体力的にも精神的にも、それに金銭的にもものすごく消耗するんですよね。だから、やっぱりきちんと本筋を立てて、立ち上がるべきところで立ち上がれるように、**活動がぶれないようにしていくしかない**んです。

また、今年2013年4月に内閣府、前・民主党政権の野田首相が「福島第一原発事故の収束宣言（＊23）」を出しましたが、「首都圏反原発連合」はこれに対して**正式に撤回して、記者会見をして下さい**」と申し入れをしました。と言うのも、あの収束宣言をピークに、反原発・脱原発運動の風化がはじまったのではないかと思うからです。福島に近い関東ですと、まだ活

46

動しているひとがたくさんいますが、関東から離れるにつれ、元々原発事故に対して温度差が生まれやすい上に、先の収束宣言によって、さらに反原発・脱原発から遠ざかってしまっているわけです。そのうえ、「収束した」ということばから、一部のニュースではあたかも、もう廃炉に向かっているかのように報じられています。そのせいで、原発関連のことに詳しくないひとが聞くと「廃炉に向かっているんだな」と単純に思ってしまいます。でも、実際には収束できていないし、廃炉にも向かっていない。そこをきちんと、テレビで言ってほしい。安倍首相は国会で「あれは前政権の言ったこと」だとして、なかば収束していないことを認めてはいます（*24）が、そうではなくて、ちゃんと記者会見をして発表をしてほしい。記者会見をすれば、「収束していない」ということを自民党政権が言った」ということが新聞やテレビで報道されるわけです。そうなることで、原発事故を忘れかけたひとびとの頭のなかに「福島第一原発の事故はまだ終わっていない」ということが、あらためて情報として入ってくることになります。

わたし個人としては、**安倍首相そのひと**に「**未収束である**」と言わせたいと思っています。みなさんもお時間のあるときに、内閣府や首相官邸に電話をして「収束していないという宣言をして下さい」と、政府に伝えていただければこころ強いと思っています。「**収束宣言を撤回させる**」、「**収束していないと宣言させる**」。これはすごく具体的な抗議のひとつです。反原発・脱原発行動を続けるうえでかなり効果があると思うので、官邸前抗議と並行でやっていきたい

47　第3章　これからの反原発活動

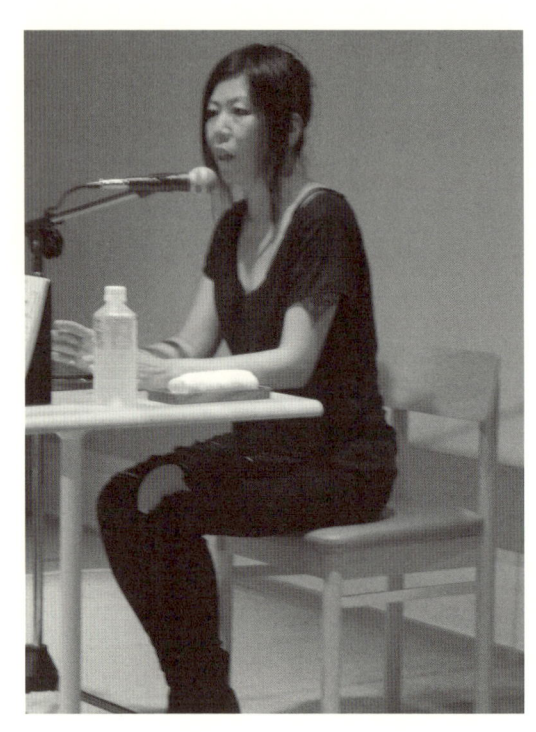

クレヨンハウスで行われた「原発とエネルギーを学ぶ朝の教室」にて話すミサオさん。（2013年6月8日編集部撮影）

です。いろんな団体、個人のみなさんが代わる代わる申し入れしていったら、ものすごく効果があるのではないかと思います。

まだまだ「原発はいらない」と思っているひとは多いと思います。潜在的に「原発ゼロ」を求めるひとたちを抗議に連れ出すことで、人数がピーク時以上に増える可能性は充分にあると思っています。長期戦として構えるしかないと思っていますので、みなさんも体調に気をつけながら、一緒にがんばっていただければと思います。

これからもよろしくお願いします。ありがとうございました。

48

*20 もんじゅの停止命令……高速増殖炉もんじゅは、1万点近い機器の点検時期超過などにより、2013年5月29日(水)、原子力規制委員会から運転再開の準備をしないよう通達を受けた。2013年8月末現在、停止中。

*21 山本太郎さん……俳優、参議院議員。2013年7月の参院選にて無所属で当選。「被曝させない」「TPP入らない」「飢えさせない」を掲げる新党「今はひとり」を結成し、党首となる。

*22 吉良よし子さん……参議院議員。2013年7月の参院選にて日本共産党で当選。原発再稼働反対などを主張している。

*23 福島第一原発事故の収束宣言……2011年12月16日(金)、当時の野田首相は福島第一原発が「冷温停止状態」を達成したことから、「(原発)事故そのものは収束に至った」と宣言。当時の細野原発事故担当大臣による記者会見も開かれた。しかし、その時点でも汚染水の流出が確認されたり、核燃料を取り出せるような状況になく、住民や専門家からは「事故収束の宣言はあまりに早すぎる」と批判が相次いだ。

*24 安倍首相の収束宣言の否定……2013年3月13日(水)、安倍首相は衆院予算委員会での「東日本大震災からの復興に関する集中審議」のなかで、前・野田政権の「収束宣言」に対し、「収束といえる状況にない」として、「収束宣言」を否定した。ただし、記者会見などは開かれていない。

第4章　質疑応答　「非暴力武闘派」であるために

この質疑応答は、2013年6月8日の講演会の場で行われた内容を中心にまとめました。

Q1 官邸前抗議について、ちょっとおうかがいしたいです。安倍首相はいま（2013年6月8日現在）首相官邸のほうに引越しをしていないのですけれども、官邸前抗議の声がいやだから、首相官邸に越していないという噂を聞いたこともあります。それほど官邸前抗議に影響力があるとしたら、警察のほうから何か、「これから少し規制を厳しくする」とか、そういう話などはいま出ているのでしょうか。

A1 デモ申請や警察との打ち合わせに出ているのはわたしなので、警察についてはかなりお話できます。いまのところは、「規制を厳しくする」といった気配はないですね。まわりから「規制がきつくなるのではないか」ということをすごく言われましたが、わたしたちは1年以上、官邸前での運動をやっていて、昨夜（2013年6月7日）で57回目です。それだけ毎週毎週、現場で麹町署とやりとりしていますと、だい

たい気が知れてくる部分があります。お互い、人間ですから。そういう雰囲気からも察することができますし、「何か変化はありますか?」と直に訊いたこともあります。でも、とりあえずは「(変化は)ない」ということでした。

それに、いくらなんでも、**わたしたちの運動を急には潰せないだろう**と思います。もしも潰してしまうと、また反発を受けますから。政権が変わるときも、まわりから言われていたほど、心配してはいませんでした。わたしたちはいつも、直に警察と接している分、何となく「まだ大丈夫だろう」という実感があるので、いまはまだ大丈夫だろうと考えています。

ただ、警察というのは、異動が結構多いものです。異動が結構多いものです。近く慣れ親しんだ麹町署の警備の責任者が2月に急に移動になりました。それと同時に、わたしたちがよくデモをする日比谷公園の管轄は丸の内署なのですが、丸の内署の警備の責任者も異動になってしまいました。こういう方々とはもうツーカーで話をしていて、ある程度、現場での信頼関係ができていましたので、その方たちが異動してしまうとなると、わたしも「これはまずいかも……」と思いました。「もしかして、規制を厳しくするためでは?」などと考えたこともありましたが、しかし、とくにそういう意図ではなかったことがだんだんわかってきましたので、いまのところ、変化はないです。

51　第4章　質疑応答　「非暴力武闘派」であるために

Q2 さきほどチラシをひとりで1000枚配った方のお話をされていましたけれども、もしわかりましたら、どういうふうにして1000枚配られたか、おしえていただけたらと思います。わたしもすごく苦労して、ひとりで150枚配ったんです。有楽町の駅前や上野の駅前で。

A2 1000枚どころじゃなくて、ひとりで3000枚配ったという方も、なかにはいらっしゃいます。ひとりで1000～2000枚というひとたちは、ポスティングをされているようです。散歩がてらポストに入れるというかんじですね。ですから、街頭でひとり1000枚を配るのは相当きついと思うので、あまり無理をしないでください。本当におつかれさまでした。ありがとうございます。

団体の方が何千枚も配ってくださる場合は、だいたい会報に入れてくださることが多いです。わたしもたまに街宣でやはり個人で、しかも駅などでは、絶対に1000枚とかは無理です。わたしはとくにへたなので、かなり成績は悪いです。うまいひとは、配ってみようとしますが、本当にたくさん配るのですが。

Q3 質問というより提案なのですが、1年かけて官邸前抗議をやってきた累計を、大きく出してはいかがでしょう。「100万人突破しました！」みたいなことをやると、景気がついて、

ひとが集まると思いますし、ニュースで取り上げてくれるんじゃないかなと思うんです。たとえば遊園地やスカイツリーみたいな場所では、「あなたは100万人目のお客様です！」とか、かならずやりますよね（笑）。ああいうかんじで「官邸前抗議、総計100万人突破！」みたいにバーンとやると、マスコミも食いついてくれるかな、と。

最近、新聞を見ていると、読売新聞・産経新聞あたりがわざわざ抗議をしていない日に取材に来て、「激減」という記事を書いたり、毎日新聞も「参加者50分の1に」と書いたりしていますよね。「20万人集まったときと比べて言われても……」と思いますよね。毎週何千人が集まっているというのは、ものすごいことだと思うんです。1回だけのデモだとしても、毎週何千人も集まっているというのはものすごいことだし、大きなデモじゃないですか。それが毎週毎週、何千人も集まっているなんて、マスコミだって書けばいいのに、それを最盛期と比べて「50分の1に減りました」とか、そういう報道をしているというのはどうなのよ、というかんじがあります。ですから、こっちも「ものすごく盛り上がってますよ」と示すやり方もできるんじゃないかなと思いました。

A3 そうですね。「通算で何人」というのは、たしかうちのプレス担当が数字を出していたはずで、公表はしていなかったと思うのですが、かなりの人数になっていると思います。そのアイデアはすごくすてきですので、検討させていただきます！

やはり今年(2013年)の3月くらいに「減った減った」と報じたがる媒体が多くて、取材を受けても、とにかく「なんで減ったのか」と、意地悪なくらいにそういうふうに聞いてきます。読売新聞とかは来ませんが、官邸前には「脱原発派です」という記者の方が結構多くて、かなり顔なじみになって、ツーカーで話す記者の方たちもいます。かならずしも、そのひとたちが顔ぶれががらっと変わってしまうわけではないのですが。それが今年の2月・3月で、各社の記者の顔ぶれががらっと変わってしまうわけではないのですが。それが今年の2月・3月で、各社の記者たちが載せたいように載せられるわけではないのですが。それが今年の2月・3月で、各社の記者の顔ぶれががらっと変わってしまうわけではないのですが。それが今年の2月・3月で、各社の記者の顔ぶれががらっと変わってしまうわけではないのですが。

く「減った減った」ということを引き出そうとする記者ばかりになってしまった。困ったな……と思っていたら、案の定、とにかくわたしたちとしては、先ほどおっしゃっていただいたように、「それでもまだ毎週何千人という規模はある。ただピークと比較しないでくれ」と話していますが、マスコミは話題として「減った」という方向にもっていきたいという意図をすごく感じました。最近はそれほどでもないですが、3月頃はひどかったです。質問の裏に何かあるのかなと、わたしたちも感じていました。ただ、何があったのかは突き止めてはいないのですが。わたしたちのところへ来る記者さんのなかでは、最近、毎日新聞の記者さんががんばってくれているかなと感じています。

Q4 いつもツイッターなど拝見して、いろいろと悩みながら続けていらっしゃるなあと感じています。こういう活動をはじめられたきっかけや、ずっとモチベーションを保つことはすご

54

官邸前の抗議スペースでコールを上げているミサオさん。コールに合わせ、参加者たちは想いを込めて「原発やめろ！」と声を上げる。2012年3月からほぼ毎週くり返されてきたこの抗議を、「原発ゼロ」で終える日を目指して。（2013年7月12日編集部撮影）

く大変だと思うのですが、続けていられる源みたいなことをおしえていただけたらと思います。

A4　運動をはじめたきっかけをダイジェスト的にお話しますと、以前からわたしは、日本社会を本当にいやだと思っていました。こんな社会では、どこから何をやってもダメだろう、と。アウトサイダーとして、しばらく海外で暮らしていましたが、家族・家庭の事情などで日本に戻らないといけなくなって、戻ってから何年かは悶々としました。

原発についても、ダメだとは思っていましたが、その頃はとくには何もやっていませんでした。ちょうど青森県・

55　第4章　質疑応答　「非暴力武闘派」であるために

六ヶ所村の再処理工場が試験運転されるときに、坂本龍一さんたちの「STOP ROKKASHO」（*25）や鎌仲ひとみさんの映画『六ヶ所村ラプソディー』（*26）などをきっかけとして、20〜40代くらいのひとたちが、核や原発問題に関心をもつようになっていました。わたしの知り合いも、再処理事業の反対運動をするネットワークに入っていて、わたしもそこに誘われて入ったことが、具体的なきっかけです。

ちょうど同じ時期に、いくつかの原発が、縄文集落の跡の上に建っているということがわかりました。縄文の集落は、気がよいとか、水がよいとか、ひとびとはそういう土地をごく自然に選んで、住みついていました。そして当時は、自然を信仰し、平和で、いろんな部族がいても共存して暮らしていたそうです。そういうところに、原子力関連の施設が建っていること、それに気がつきました。六ヶ所村というのは、わたしとしてはすごく重要な「縄文的な場所」です。そんなところに再処理工場がある。わたしはこれを「最後の縄文潰し」だと思ったんです。

また、日本に戻って悶々としていた間に瞑想をはじめて、自分のルーツを確認する、内観的なプロセスを続けていました。原子力関連の施設が、縄文集落の跡の上に建っていると気づいた同じ頃、これは本当に瞑想中の体験なのですが、ものすごく昔の自分の先祖・祖先んの祖先かも知れませんけれど、それが「わかった」のです。神さまではないんです。かつて、この島（日本）に実際にいた方、おそらくわたしたちの縄文時代の頃の先祖だと思います。

そのあとには、そのひとたちが、どういうふうに略奪されて殺されていったか、侵略されていったかという光景が観えてきました。そうして、古代からの殺戮がずっと続いていて、その極みが「原発」というひとつのシステムであり、それが縄文遺跡の上に建っている、ということを理解しました。**原子力は、本当に信仰みたいなものなんです。「ムラのひとたち」は何の確信もないのに、原発を信じているのですから**。縄文の遺跡の上に、原発という原子力信仰というモニュメントが建っている。これは縄文的な息吹の「封印」です。

ちょっとスピリチュアルな話になったのですが、とにかくわたしは、瞑想中にものすごく昔の祖先から「これ（原発反対）をやれ」と言われたように感じて、その瞬間にいろんな悩みがパンッと飛んだんです。**わたしはこれをやるために、日本に戻されたのでは**と、いろんなことがすっと腑に落ちました。どれだけの役目があるのかはわからないけれど、わたしはそれから「あるべきものを、あるべきところに戻す」、そういうことを願い、そういう行動を成し遂げる存在になろうと思っています。自分のルーツから、そういう行動をするべきだと実感をしたということが、おそらくわたしの行動がぶれない、ひとつの重石みたいになっているのかな、と。ちょっと説明しづらい話ですね。「放射能が怖い」ということも、もちろん含んでいるのですが、いまお話したようなところがきっかけであり、わたしの軸です。

もうひとつ、わたしは左翼的な思想をもっているわけではないのですが、反グローバリズム（*27）で、もっと言いますと、反シオニズム・反イスラエル（*27）です。わたしが反原発

活動を続ける理由には、グローバリズムのシステムのひとつに、原子力が含まれているということもあります。日本においては、この原子力産業のシステムを崩すことで、社会全体を揺るがす風穴が開くのではないかと考えています。もちろんTPP（*28）など、いろんな問題がありますけれど、わたしはシステムを崩すために、いまは原発問題に集中することで、風穴を開けたいなと思っています。

*25 「STOP ROKKASHO」……青森県六ヶ所村の再処理事業の危険性を、音楽などからアピールするサイトとその活動の総称。2007年の六ヶ所村再処理施設の本格稼働（結果的に実現せず）を前に、2006年に始動した。坂本龍一さんの呼びかけにより、国内外の著名人が参加している。

*26 『六ヶ所村ラプソディー』……2006年9月に公開されたドキュメンタリー映画。鎌仲ひとみ監督作品。2004年に完成した核燃料再処理施設をめぐり、六ヶ所村再処理事業を受け入れていくひとと、農業や自然の面から反対運動を続けるひとたちの姿をおさめた。現在も注目を集め、自主上映会がくり返し行われている。

*27 反グローバリズム／反シオニズム／反イスラエル……反グローバリズム：国家をまたいだ地球規模の活動により、発展途上国が先進国に搾取されたり、その国独自の文化が消えてしまうといった悪影響が起きることを懸念して、反対する立場のこと。／反シオニズム・パレスチナにユダヤ人国家・イスラエルを建設するため、武力によって先住していたパレスチナ人を追い出したことに反対する立場のこと。／反イスラエル：前述の国家・イスラエルを否定する立場のこと。

*28 TPP……環太平洋戦略的経済連携協定（Trans-Pacific Partnership）のこと。これが結ばれた国家間では貿易が自由化し、たとえば品物ごとに関税撤廃もしくは削減が起こる。2006年にシンガポール、ニュージーランド、チリ、ブルネイの4ヶ国が参加して発足。ここに、ベトナム、ペルー、マレーシア、オーストラリア、アメリカ合衆国、メキシコ、カナダ、そして日本も参加を表明し、交渉が行われている（2013年8月末現在）。

**Q5 ふたつ質問があります。
ひとつめは、レッドウルフさんというお名前について、もうちょっと詳しくおしえていただ**

58

きたいです。ネイティブアメリカンに少し関係しているというのを、何かで読んだことがあるのですが、どんな体験をしたのかお聞かせ下さい。

もうひとつの質問は、先ほどTPPの問題などとは少し距離を置いていると話されていましたが、ほかにモンサント社の遺伝子組み換え食品の問題（*29）について、いまデモを起こしているひとたちがいますが、そこは反グローバリズムというところで根は一緒だと思うのです。その辺のひとたちとは、関わりをもっていかないのか、そこのところをおしえて下さい。

A5　レッドウルフというのは、瞑想をしていたときに、ふっと名前が浮かんできました。ニュアンス的には、ネイティブアメリカンのトーテムアニマルと言いますか。ウルフというのはオオカミですけれども、日本ふうに言うと山犬（日本狼）のことです。山犬というのは昔、日本では神さまの使いとされていて、いまは絶滅しています。山犬という「失われたもの」という意味合いもかけて、レッドウルフという名前を使っています。最初は「ミサオ」だけでイラストレーターをやっていたのですが、「レッドウルフ」ということばに出会ってからは、名前にレッドウルフをつけた、という形です。

TPPなどに関しまして、距離を置いているというよりは、とにかくわたしたちはいま、「再稼動反対・原発ゼロ」というシングルイシュー（*30）で官邸前抗議をすることを大事にしています。なぜかと言いますと、シングルにしてわかりやすくすることで、参加者の幅を広げる

ためです。これも、わたしたちのひとつの特徴です。

たとえば、反原発にTPP反対などを加えて、マルチイシュー（＊30）になってしまいますと、主張がぐちゃぐちゃになって、結局何を要請しているのか、わかりにくくなるということがあります。TPPや沖縄の基地問題など、全部に反対抗議ができればいいですが、戦略的に考えると、それでは抗議の焦点がぼやけてきます。いまは原発問題で、政府の主張を一点突破していきたいと考えています。

モンサント社のことは、わたしは昔から、自分で植えるときは遺伝子組み換えではない原種の種を使うようにしているくらい、意識はあります。でも、いまは本当にいろんな問題がありまして、すべての問題に対しての運動はなかなかできない。

本当によく「なぜTPPのことを言わないのか」と言われるのですが、それを混ぜてしまうと、NO NUKES MAGAZINEを読んでほしいようなひとたちは、TPPが原発問題にどう関係するのか、複雑な構造がわからないんですね。そういうひとたちも参加できるように、敷居を下げるという意味で、シングルイシューを打ち出して、たくさん集まってもらおうと考えています。それに、マルチイシューにしてしまうと、下がらなくていい敷居まで下がってしまうんです。あれもこれも盛り込んだ、政党みたいな状態になってしまうんですね。それでは活動が難しい。

個人的に、原発の問題の根底には、これは原発だけではなくて基地の問題もありますけれど、

やはり日米安全保障条約（*31／以下、安保条約）の問題があると思います。これはあまり外では言っていませんが、本当は、わたしは安保条約白紙撤回という運動をやりたい。ただ、いまはまだ時期ではないと思います。もし「ここだな」と思うときが来たら、それをやりたいなと考えていますが、まだいまは「そのとき」ではないのだと思っています。

*29 モンサント社の遺伝子組み換え食品……モンサント社は、アメリカ・ミズーリ州にある農業用の種や農薬などの開発・販売を行う企業。同じ種を扱う企業を買収することで、流通する遺伝子組み換え食品の種の大部分を独占していると言われる。自社の種を特許申請することで、農家が一度買った種で毎年作物をつくることを禁じたり、自社の農薬に強い種を開発し、農薬とセット販売するなどしている。遺伝子組み換え食品そのものについても、人体や自然環境への影響を懸念する声が大きい。
*30 シングルイシュー／マルチイシュー……イシュー(issue)には、問題点、論争点などの意味がある。ここで言うシングルイシュー(single issue)は、主張をひとつの問題に絞ること。マルチイシュー(multi-issue)は、複数の問題について主張すること。
*31 日米安全保障条約……1951年9月、サンフランシスコにおける講和条約調印と同時に、日米間で締結された条約。1960年に改訂。米軍が「安全保障のため」に日本に基地をつくって駐在することなどを定めた。

Q6　いろいろなお話、ありがとうございました。わたしは孫に対しての放射能のことだけで、本当に個人のことを考えていたのですが、ミサオさんは全人類のことを考えていらっしゃるんだなと思いました。ありがとうございます。
ひとつだけ、どうしてこのリーフレット（NO NUKES MAGAZINE）のタイトルは英語なのかな、と思いまして。英語に強い方には当たり前のことばかもしれませんが、そうではない人間にとって、「NO NUKES」ということばはあまりなじみがないので……。

61　第4章　質疑応答　「非暴力武闘派」であるために

「あなたの選択」プロジェクト2013の「辻立ちキャンペーン」の際、立てかけられていた看板。ここにも「NO NUKES」の文字がある。（2013年6月30日編集部撮影）

A6 シンプルなタイトルですが、言われてみると、たしかに伝わりにくいことがあるかも知れないですね。一応、横に漢字でサブタイトルを入れたので、内容はわかるかな、と思ってしまっていたのですが……せめて、ふりがなを入れたほうがいいですね。

ただ、「NO NUKES」という呼びかけをスタンダードにしていきたいという思いもあってのタイトルです。一般的に「NO NUKES」と言うと、「原発いらない」という意味であるということを、広めていきたいという思いも、受け止めていただけたらうれしいです。

62

資料9／反原発・脱原発　関係団体（本書に登場した団体のみ）

★首都圏反原発連合　http://coalitionagainstnukes.jp/

　・Act 3・11 Japan　https://www.facebook.com/Act3.11

　・安心安全な未来をこどもたちにオーケストラ　http://kodomonomirai-orchestra.org/（活動休止中）

　・「怒りのドラムデモ」実行委員会　http://drumsofprotest.blogspot.jp/

　・エネルギーシフトパレード　http://www.enepare.org/

　・くにたちデモンストレーションやろう会　http://nonukes-kunitachi.blogspot.jp/

　・「原発やめろデモ!!!!!」　http://911shinjuku.tumblr.com/

　・脱原発杉並　http://uzomuzo.com/

　・脱原発中野も　http://www.mcri21.com/nakanomo/

　・たんぽぽ舎　http://www.tanpoposya.net/main/index.php?id=202

　・TwitNoNukes　http://twitnonukes.blogspot.jp/

　・NO NUKES MORE HEARTS　http://nonukesmorehearts.org/

　・パパママぼくの脱原発ウォーク　http://papamama1106.blog.fc2.com/

　・野菜にも一言いわせて!原発さよならデモ　http://yasaidemo.web.fc2.com/

　・LOFT PROJECT　http://www.loft-prj.co.jp/

★さようなら原発1000万人アクション　http://sayonara-nukes.org/

★ストップ六ヶ所村　http://stop-rokkasho.org/information/

Misao Redwolf

ミサオ・レッドウルフ／イラストレーター。2007年に反原発団体「NO NUKES MORE HEARTS」を立ち上げ、主宰者となる。2011年の3・11後、ほかの反原発グループと「首都圏反原発連合」を結成。毎週金曜の首相官邸前抗議をはじめ、さまざまなデモ・抗議活動を行っている。表に出る機会が多い分、こころない批判にさらされる機会も多いが、「首都圏反原発連合」メンバーをはじめ、理解ある仲間に支えられて、活動を続けている。

わが子からはじまる
クレヨンハウス・ブックレット 012
直接行動の力「首相官邸前抗議」

2013年10月5日　第一刷発行

著　者	ミサオ・レッドウルフ
発行人	落合恵子
発　行	株式会社クレヨンハウス 〒107-8630 東京都港区北青山3・8・15 TEL 03・3406・6372 FAX 03・5485・7502
e-mail	shuppan@crayonhouse.co.jp
URL	http://www.crayonhouse.co.jp
表紙写真提供	藤原ひろ
装　丁	岩城将志（イワキデザイン室）
印刷・製本	大日本印刷株式会社

© 2013 Misao Redwolf
ISBN 978-4-86101-262-4
C0336 NDC543.5
Printed in Japan

乱丁・落丁本は、送料小社負担にてお取り替え致します。